记住乡愁

——留给孩子们的中国民俗文化

刘魁立◎主编

第八辑 传统营造辑

本辑主编 刘托

江南人家

马全宝◎编著

黑龙江少年儿童出版社

编委会

序

亲爱的小读者们，身为中国人，你们了解中华民族的民俗文化吗？如果有所了解的话，你们又了解多少呢？

或许，你们认为熟知那些过去的事情是大人们的事，我们小孩儿不容易弄懂，也没必要弄懂那些事情。

其实，传统民俗文化的内涵极为丰富，它既不神秘也不深奥，与每个人的关系十分密切，它随时随地围绕在我们身边，贯穿于整个人生的每一天。

中华民族有很多传统节日，每逢节日都有一些传统民俗文化活动，比如端午节吃粽子，听大人们讲屈原为国为民愤投汨罗江的故事；八月中秋望着圆圆的明月，遐想嫦娥奔月、吴刚伐桂的传说，等等。

我国是一个统一的多民族国家，有56个民族，每个民族都有丰富多彩的文化和风俗习惯，这些不同民族的民俗文化共同构筑了中国民俗文化。或许你们听说过藏族长篇史诗《格萨尔王传》

中格萨尔王的英雄气概、蒙古族智慧的化身——巴拉根仓的机智与诙谐、维吾尔族世界闻名的智者——阿凡提的睿智与幽默、壮族歌仙刘三姐的聪慧机敏与歌如泉涌……如果这些你们都有所了解，那就说明你们已经走进了中华民族传统民俗文化的王国。

你们也许看过京剧、木偶戏、皮影戏，看过踩高跷、耍龙灯，欣赏过威风锣鼓，这些都是我们中华民族为世界贡献的艺术珍品。你们或许也欣赏过中国古琴演奏，那是中华文化中的瑰宝。1977年9月5日美国发射的“旅行者1号”探测器上所载的向外太空传达人类声音的金光盘上面，就录制了我国古琴大师管平湖演奏的中国古琴名曲——《流水》。

北京天安门东西两侧设有太庙和社稷坛，那是旧时皇帝举行仪式祭祀祖先和祭祀谷神及土地的地方。另外，在北京城的南北东西四个方位建有天坛、地坛、日坛和月坛，这些地方曾经是皇帝率领百官祭拜天、地、日、月的神圣场所。这些仪式活动说明，我们中国人自古就认为自己是自然的组成部分，因而崇信自然、融入自然，与自然和谐相处。

如今民间仍保存的奉祀关公和妈祖的习俗，则体现了中国人崇尚仁义礼智信、进行自我道德教育的意愿，表达了祈望平安顺达和扶危救困的诉求。

小读者们，你们养过蚕宝宝吗？原产于中国的蚕，真称得上伟大的小生物。蚕宝宝的一生从芝麻粒儿大小的蚕卵算起，中间经历蚁蚕、蚕宝宝、结茧吐丝等过程，到破茧成蛾结束，总共四十余天，却能为我们贡献约一千米长的蚕丝。我国历史悠久的养蚕、丝绸织绣技术自西汉“丝绸之路”诞生那天起就成为东方文明的传播者和象征，为促进人类文明的发展做出了不可磨灭的贡献！

小读者们，你们到过烧造瓷器的窑口，见过工匠师傅们拉坯、上釉、烧窑吗？中国是瓷器的故乡，我们的陶瓷技艺同样为人类文明的发展做出了巨大贡献！中国的英文国名“China”，就是由英文“china”（瓷器）一词转义而来的。

中国的历法、二十四节气、珠算、中医知识体系，都是中华民族传统文化宝库中的珍品。

让我们深感骄傲的中国传统民俗文化博大精深、丰富多彩，课本中的内容是难以囊括的。每向这个领域多迈进一步，你们对历史的认知、对人生的感悟、对生活的热爱与奋斗就会更进一分。

作为中国人，无论你身在何处，那与生俱来的充满民族文化DNA的血液将伴随你的一生，乡音难改，乡情难忘，乡愁恒久。这是你的根，这是你的魂，这种民族文化的传统体现在你身上，是你身份的标识，也是我们作为中国人彼此认同的依据，它作为一种凝聚的力量，把我们整个中华民族大家庭紧紧地联系在一起。

《记住乡愁——留给孩子们的中国民俗文化》丛书，为小读者们全面介绍了传统民俗文化的丰富内容：包括民间史诗传说故事、传统民间节日、民间信仰、礼仪习俗、民间游戏、中国古代建筑技艺、民间手工艺……

各辑的主编、各册的作者，都是相关领域的专家。他们以适合儿童的文笔，选配大量图片，简约精当地介绍每一个专题，希望小读者们读来兴趣盎然、收获颇丰。

在你们阅读的过程中，也许你们的长辈会向你们说起他们曾经的往事，讲讲他们的“乡愁”。那时，你们也许会觉得生活充满了意趣。希望这套丛书能使你们更加珍爱中国的传统民俗文化，让你们为生为中国人而自豪，长大后为中华民族的伟大复兴做出自己的贡献！

亲爱的小读者们，祝你们健康快乐！

刘魁立

二〇一七年十二月

目录

秦淮之畔初相见——江南地区的建筑文化

| 秦淮之畔初相见——江南地区的建筑文化 |

江南的地域及影响

长久以来，江南地区就不是一个明确的地域范围，每个时代江南地区的范围都在不停地变化。从历史演变来看，江南地区的范围不断缩小，最终成为太湖周边地区的总称，这一地区也是生活比较富裕、文化比较繁荣的地域。江南地区的建筑特点是多用抬梁结构，梁枋的断面形式多变，同时，室内多用“轩”的形式，结合屋顶向上翘起的翼角，充满了江南韵味和艺术美感。

在古代，大多数运输都依靠水路。明清以来，以苏州为中心的太湖流域逐渐成为一个稳定的富庶之地。太湖的水面可以行船，这就为江南地区提供了便利的运输方式。而且，苏州还有京杭运河，可以连接无锡、嘉兴等地，以太湖连接湖州、宜兴等地，以太湖水系密布的

| 江南田园 |

河网连接常熟、太仓、松江、昆山等地。水成为江南地区不可或缺的要素，这就使得大量的建筑都依水而建，也就形成了依山傍水、烟雨江南的自然美景。

江南的气候与自然环境

中国国土辽阔，有多种多样的气候环境，继而对不同地域的建筑样式和建造方式都产生了不同的影响。历代技艺娴熟的工匠根据不同的气候情况，经过长时间的反复建造试验，最终形成某个地区独有的建筑特点。

江南地区气候温和，从保温性能来看，对建筑围墙和房顶的保温要求不高，通过屋顶空层、空斗墙等建筑方法，就可以基本满足人们的居住要求。雨水多，湿度大，决定了江南地区的建筑需要有一些防水防潮的措施，其中，屋面防水是重点要解决的问题。

江南地区土地肥沃，物产丰富，盛产大米、小麦、油菜以及各类水产品和优质蚕丝，素有“鱼米之乡”的称谓。丰沃的物产促进了江南地区的经济发展，为房屋的建造活动提供了强大的财力支持。

建筑离不开良好的建造材料，其中最主要的是木材、石材和砖瓦。太湖沿岸的山上，生长着各种茂密的树木，建造房屋的工匠可以就地取材。苏州香山附近还出产各类石材，其中太湖石、石灰石、花岗石和黄石，构成当地石材的“四大金刚”。苏州郊外，出产烧制优质砖瓦的细泥。据记载，城北齐门外陆慕一带砖窑林立，曾被皇帝钦定为“御窑”。而建筑同样离不开良好的建造工具，早在距今2000多年的春秋战国时期，吴地的冶金工艺就在诸侯国中享有盛誉。发达的冶金工艺为建造房屋的工匠提供了斧头、锯子、刨子、凿子等优质工具，带动该地的建筑技艺蓬勃发展。

江南的社会与人文环境

丰富的物产让人们吃穿不愁，人们也就有了更加高尚的精神追求。江南地区风物清嘉，人文荟萃，历史悠久，文化积淀十分深厚。古琴、昆曲、吴门画派、篆刻、桃花坞木版年画等等声名远扬，传统工艺更加历史悠久，

| 网师园 |

底蕴丰厚。在长期的历史发展过程中，江南的建筑渗透着深厚的人文气息，这一点在大量的住宅和园林中体现得尤为突出。苏州的古典园林是文化与艺术荟萃的精华所在，比如在园林的设计中往往会设置“琴室”“戏台”“书屋”“碑帖廊”等建筑空间，在这里可以抚琴、听曲、读书、赏帖等，整个园林宅第充满了浓厚的文化氛围。

| 狮子林 |

许多文人和画家还亲自参与园林的设计和建造。现存的许多园林都是按照画家的绘画意境构筑的，如狮子林始建于元代，著名画家倪瓒创作的《狮子林图》，徐贲创作的《狮林十二景图》，成为后来清代工匠们重修狮子林的依据。据史料记载，拙政园是由明代吴门四家之一的文徵明参与设计的，园林中文人气息浓厚，处处体现诗情画意。沧浪亭是由宋代文人苏舜钦购置重建的，山林间矗立的古亭雄健有力，古朴淡雅。除此以外，

古代有些文人画家还亲自参与营造工程。如明代的画家张灵不仅参与建筑物的装饰图案设计，还亲自攀爬到竹架子上为建筑做彩绘。唐寅、仇英等人还收建筑匠人为徒，教授他们绘画技能。

文化艺术使江南建筑技艺的发展更加丰富灿烂。房屋建筑、亭台楼榭等在式样和建造上的变化，很多都是源自文化艺术的需要。如亭子由休闲小憩和遮风避雨的功能渐渐转变为形象符号，亭子的造型由圆盖顶和角亭向着多样化发展，三角亭、五角亭、六角亭、八角亭等的不断变化，实际上是人们不断提升的审美要求和精神需求的产物。

吴地文化与建筑传统

苏州是一座有2500余年历史的文化古城，邻湖近海，灌溉便利，田宜栽稻，水宜养殖，自然条件十分优越。这里曾是我国上古文明的发祥地之一。从考古发现的历史遗迹中，出土了技艺精湛的陶器和玉器，房屋建造中已大量运用木构梁柱和榫卯结构，证明当时这里的建筑技术已达到较为发达的水平。

自春秋时期吴国在姑苏（今苏州）建都以来，这里一直是江南地区的政治、经济和文化最为发达的地区。经济繁荣，人文荟萃，江南地区的音乐、戏曲、书画、工艺、园艺、建筑等方面更是人才济济，名家辈出。

北宋末年，朝廷在苏州设立应奉局，征调匠人到东京（今开封）建造苑囿，吴地建筑文化也随着工匠远播中原。南宋以后，随着政治文化中心的南移，苏州成了商贾富豪、达官贵人云集之地。这些人除了追求富足的物质享受以外，还有丰富的精神需要，对于居住的环境要求也更高，这是建筑业发展的有利条件。据记载，我国古代建筑的重要著作——《营造法式》，就是南宋绍兴年间在苏州重新刊印的，对江南地区建筑技术水平的提高起到了巨大的推进作用。

明代中期直至清代，文人士大夫阶层造园之风盛行，崇尚“不出城郭而获山水之怡，身居闹市而有林泉之致”的精神境界，因而苏州城内，私家园林随处可见。这时期能工巧匠层出不穷，江南著名造园师计成，不仅善于叠山造园，还著有作品《园冶》，全面阐述了造园的理论和手法，反映了当时造园的技艺水平和成就。

江南园林不仅是文人雅士诗意的创作，更体现了江南能工巧匠的倾心营造。

江南地区的建筑文化，因其独特的地域条件、自然气候、文化环境和社会条件而别具一格，是藏在江南烟雨里的瑰宝，是隐于秦淮之畔的明珠。

宅前巷尾疑山间——江南建筑的布局与形制

| 宅前巷尾疑山间——江南建筑的布局与形制 |

江南地区的建筑最有地方文化特点的就是民居和园林建筑，小桥流水潺潺，花香鸟语炊烟，浓郁的人文气息渗透于民居和园林中。“人道我居城市里，我疑身在万山中。”江南传统建筑往往宅园相连，通过象征、隐喻等手法，营造出远离喧嚣的一方天地。江南人重礼制，住宅建筑常严格按照封建社会的宗法和家族制度布置，中轴对称，长幼有别；江南人好赏乐，园林建筑景观往往点缀于山水之间，顺依地势，情趣雅致。

住宅建筑

江南地区传统住宅建筑一般分为城市住宅和水乡民居。大型的城市住宅布局严谨，是严格按照礼制建造出来的；小型的水乡民居临街依水，建造起来比较灵活。二者完全不同的形制是江南地区城市格局与社会制度的真实反映。

江南传统住宅平面布局以“间”作为基本单位，横向连接三至五“间”成为一“落”，“落”和它前面的庭院组成一“进”，纵向连接成为多进房屋，横向连接成为多落房屋。

1. 大型住宅

江南的大型住宅严格遵守伦理制度，住宅大多按照相同的布局建造，各类用房的位置、规格、造型、装修等有比较统一的规定。

典型的大型住宅可以概括为“三落五进”式。正落五进居中，左右对称，两旁各三进，有主有次。正落既是整个家族中长辈和房子主人的居住、活动场所，也是进行礼仪、接待活动的地方。正落的各个房屋前后各有一个门，房间贯通，按进深方向布置门厅、轿厅、正厅、内厅和绣楼。门厅是第一进的主要建筑，中间为过厅，两旁设有门房和服务用房。轿厅一般位于第二进，是古代用于上下轿子的空间，也有些住宅不单设轿厅，将轿厅功能与门厅合在一起。第三进为正厅，作为婚丧嫁娶等重要活动和接待客人的主要场所，是整座住宅中最为主要的建筑。正厅一般有三或五开间，中间一间最为宽敞，两边逐渐变窄小。这一间入口通常为落地门扇，可以全部开启，后柱一般设板壁以避免直视后院。内厅，是房子主人及家人生活居住

| 网师园轿厅 |

的地方。第五进内厅常常建成楼房，供家中的小姐居住，又称绣楼，下层供起居之用，上层为卧室。正落两边是边落，边落中横向对应正厅的位置布置为花厅，花厅前面的院落是前花园，这里围起来成为相对隐秘和幽静的空间。花厅后面可布置次要房间和服务用房，最后面的房屋作为厨房，可通往街市或河道。

边落没有直接对外的入口，前后也不相贯通。要想进入边落，必须首先通过正落的入口，然后由备弄和天井进入房间。这种布局使得进行礼仪活动的厅必须布置在正落上，反映了内外有别，主次有序的思想观念。仅在正落上设置入口也体现了不能另立门户的传统思想。

| 网师园万卷堂（大厅）|

2. 江南水乡民居

江南水乡的民居则因地制宜，灵巧多变。水乡以水为中心发展起来，曲曲折折的水路，就像人走车行的街巷一样。水乡民居在布局上没有固定的规矩和理念，都是自然形成的。但是，人们在长期的生活中，生活的经验和习惯使得水乡的建筑有很多相似之处。

一般来说，水乡民居的

| 网师园撷绣楼（花厅）|

分布可分为线性布局和网状布局两类。前者是最为简单的形式，小河就像一条线一样，房屋沿小河两岸发展，逐渐向外延伸。河道上面可以架起小桥，以方便小河两边居民的走动交流。小舟行于河上，只见各式各样的民居从两侧依次呈现。每到一座小桥或一个转弯处，又会见到不一样的房屋和人，就像翻开一幅新的画卷，这种情景令人陶醉和神往。实际上这在江南十分普遍，如位于苏州市吴中区的角直镇，镇区街道沿“上”字形主河道发展，房屋依水傍街而建，呈现街巷蜿蜒于河道两侧的格局。河水流转曲折，建筑变化不一，看起来优美且富于变化。

网状布局就相对复杂了，一般位于河道交汇处。纵横

| 苏州平江路景观 |

| 同里 |

交错的河道将小镇分成许多部分，每个部分的商户与民居混杂，并无分区。街道间以小桥连接，错落交织如蜘蛛网一般。小桥与纵横的河道叠加的地方或宽松或狭窄，变化极其丰富多样。如位于苏州吴江区的同里镇，周边河湖交错，密如蛛网，十几条河流将其分成七个小岛，民居依水而筑，鳞次栉比，家家临水，户户通舟，是江南典型的水乡古镇。

江南水乡的民居形式多样，尤其河道两边的建筑，更是千变万化。总的说来，根据居民所处的位置可以将其分成面水、临水和跨水三类。面水民居一般建于水面比较开阔的河道两侧，两岸为街道，建筑与水的关系较远。临水民居是指建筑紧贴水面而建，街道设于建筑另一侧，形成前街后河的格局。建筑平面进深一般不大，每户临水设有水埠，方便洗濯。

| 木渎 |

| 周庄 |

这类建筑所临水面一般较窄，建筑与水的关系密切，河面上形成倒影，更富水乡情趣。另外还有一种特殊的类型，是在较窄的河道两侧建居室，中间以廊相连，廊下走水，整个建筑跨河而建，十分灵巧。水乡民居的建筑平面依然是以院落为中心展开的，因地形和河道的限制，在处理上更为灵活。随着使用的变化，其修建、改建和扩建是不断进行的，充分利用现有条件，合理安排，做到经济适用是这些建筑首先要考虑的。

位于浙江金华武义县的俞源村是明代开国皇帝朱元璋的国师刘伯温按天体星象排列设计建造的，是典型的山水人家。数量众多的古建筑群落，精致的建筑木雕、砖雕、石雕以及丰富的彩画，都体现了江南传统建筑文化的底蕴与意境。

江南园林

1. 园林的景观特色

江南园林因规模、地形、主题等不同而各具特色，但基本都是以厅堂作为整个园林的活动中心，厅堂对面设置假山、花木等作为景观。厅堂周围空间与山水环境形成一个景区，缀以亭台，环以游廊，组成一个集观赏、游览和居住为一体的人文环境。当我们走进不同的园林时，会发现有的假山十分精美，有的流水独具一格，各具特色的景观让人不出园子就能饱览自然山水之风致。如沧浪亭的假山，以茂密的树林掩映古亭，高远质朴；环秀山庄的堆山叠石，虽然体量不大，却气势磅礴；网师园的彩霞池面积不过半亩，却给人以辽阔的感觉，其驳岸岩穴、黄石假山、水口引静桥、罗汉松与古柏等都极具特色。

2. 园林里的建筑

园林中的建筑不同于民居，根据不同的构造与造型有着不同的名字。

厅堂是园林中的主要建筑，也是园主人主要的活动

| 网师园彩霞池 |

| 环秀山庄叠石假山 |

场所。从构造上分，室内梁架断面为方形的称为“厅”，断面为圆形的称为“堂”。另外还有称为轩、馆的建筑也属厅堂类，只是规模较小居于次要地位，或作为观赏类的建筑小品。

轩是江南建筑里的一种独特的构造样式。厅堂建筑中往往在屋顶下面再做一层天花层，形成两层屋架，上层为草架，轩位于草架之下，与内部四界梁架相连，共同形成室内天花。轩的名称因椽的形式不同，可分为鹤颈轩、菱角轩、船篷轩、海棠轩、一枝香轩、茶壶档轩、“卍”

| 苏州园林建筑中的轩 |

芙蓉榭　汲古得绠处　三十六鸳鸯馆

绮绣亭　天泉亭　留园入口廊

| 拙政园见山楼 |

字轩等；根据构造不同有抬头轩、磕头轩、半磕头轩等。轩在建筑中起到了重要的美化作用，同时由于轩架和屋架之间形成空气层，对冬季室内保温和夏季隔热也起到了一定的实用作用。可以说，轩在建筑结构、空间形式、使用功能等方面都取得了良好的效果，是江南建筑区别于其他地域建筑的一大特色。

楼阁建筑一般位于园林的四周，上下两层。面向园林的一面，往往装长窗，外绕栏杆。两侧山墙可以开辟洞门、空窗、砖框花窗等。

榭与舫为临水建筑，伏于水上。榭的屋角起翘，犹如池畔水上腾空而出的小亭，一半搭在岸上，一半架于水

| 留园远翠阁 |

| 拙政园芙蓉榭 |

面之上。

榭的临水侧设有栏杆可供凭栏远眺，栏杆造型柔美称为“吴王靠”，又叫“美人靠”，倚于栏杆之上侧身观景，仿佛真的如置身画中

| 网师园濯缨水阁 |

| 拙政园香洲 |

一般，令人陶醉不已。舫是一种像船一样的建筑，船首部分伸出平台三面临水，通过平桥与岸相连。拙政园的香洲造型优美，尺度适宜，而且装修精美，是舫的典型代表。

廊、亭在园林游览中起导游线和观赏点的作用。廊将园林建筑串联起来，形成人们的游览路线，亭点缀其中，供人们驻足休息。廊可以环绕建筑，更可爬山越水、穿越丛林，增加游园的趣味。亭的种类更是繁多，造型精美的各种亭镶嵌在园林之中，小巧玲珑，亲切可人。拙政园的梧竹幽居是一座构思别致的小亭，背靠长廊，面对广池，环绕梧桐翠竹，其绝妙之处是在四面白墙之上各开凿了一个圆形洞门。

| 拙政园松风亭 |

| 拙政园梧竹幽居 |

丨拙政园曲廊丨

从不同角度看去，洞套洞、洞连洞，形态各异，从内部看，每个洞门又形成不同框景，趣味十足。

丨与谁同坐轩丨

建筑在园林中有着双重作用，一面与山池、花木组成别致的景观空间，一面又是休憩观景的最佳场所。拙政园中的与谁同坐轩是一座小巧的扇形平面建筑，背面小山树林葱翠，前面临水碧波荡漾，临池一面全部开敞，与荷花交映成趣。这座精巧的建筑既是临水观花赏鱼的绝妙之处，更与亭亭玉立的荷花组成池中一景，隐喻了“与谁同坐？明月、清风、我”（苏轼《点绛唇·闲倚胡床》）的脱俗意境。

粉黛之色跃墙头——江南建筑的外观与艺术特点

| 粉黛之色跃墙头——江南建筑的外观与艺术特点 |

“粉墙黛瓦”是古人对江南建筑的描述，远远望去，建筑的色彩纯粹自然，黑白相间的对比衬托于青色的天幕之下，流水、小桥在下面铺陈，一幅典型的江南民居图跃然纸上。青黛屋顶架于粉白墙面之上，鳞次栉比，参差错落，成为人们对江南建筑外观最直接的印象。

| 明瑟楼与涵碧山房 |

| 网师园住宅硬山墙 |

江南建筑的檐墙有两种形式。一种是将椽子露出墙外，叫作出檐墙；一种是用砖层层挑出包砌椽头，叫作包檐墙。有些山墙高出屋顶，随着屋顶砌成中间高两端低的数段屏风形式，形成三山屏风墙、五山屏风墙，

也有自檐口以曲线形慢慢升高仅在中间形成高台形的观音兜。这两种山墙被称为封火山墙。古代建筑大多是木结构建筑，而木头最怕火烧。江南地区的房子一般都连在一起，如果一家着起火来，火势蔓延很容易烧到旁边的人家。封火山墙可以有效地阻止火苗随风摆动，防止一家房屋着火，整个村子被烧的情况发生，这是古代工匠智慧的体现。

| 嫩戗发戗 |

| 水戗发戗 |

另一个江南地区传统建筑中最富艺术表现力的部分就是屋顶了。轻盈的造型，高翘的翼角，成就了江南建筑小巧玲珑的艺术形象。一般情况下，小型建筑的翼角比大型建筑的更为高翘。在园林中，为了配合景观需要，各式屋顶相互穿插组合，构成了玲珑秀丽的建筑景观。

同样的粉墙黛瓦在江南

民居和江南园林中表现出的形象和意境却不太一样，民居多是依山傍水融入自然，而园林则是赋予建筑更多的人文气息，用建筑手法再一次营造自然。

民居建筑艺术形象

江南地区的大部分民居沿着街、河连绵蜿蜒，高低错落，层层叠叠。在湖河山陵衬托之下，构成了和谐融洽的城市风貌。粉墙黛瓦，灰、白和棕的色彩基调，掩映在绿树红花之中，形成了古城安宁平和的艺术格调。居民们建造起背水临街的住宅，构成百十街坊，千余小巷。“君到姑苏见，人家尽枕河。古宫闲地少，水巷小桥多。”这是江南民居建筑的意象。“小桥、流水、人家”

| 苏州山塘街 |

| 苏州山塘街夜景 |

是江南景观特色的概括。这里留下了无数赞美江南民居的诗画，诉说着美丽动人的故事。江南人也用自己的勤劳智慧创造出美好的生活，演绎着水乡的历史。

水道两侧的建筑，形态各异，古朴典雅。建筑贴水成街，就水成市，有聚有散，错落有致，房依水而建，水绕房而生。街巷尺度宜人，空间狭长，适于步行。行走于江南街巷，红花绿柳，曲径小桥，到处都有惊喜。石桥是水的点缀，也是水与街的交点，形形色色的石桥、青石板铺装的小巷为水乡平添了几分幽雅和灵气。

江南园林的艺术形象

江南传统建筑是园林的造园要素之一，它一方面满足园林中诸如居住、游憩、读书、抚琴、对弈、啜茗、宴请宾客等实际需要；另一方面，它也作为景观对象本身，与山水花木相结合，创造出千姿百态、赏心悦目的园林景观。

可以毫不夸张地说，苏州园林中所具有的诗情画意相当一部分是得益于建筑的提示点缀。如网师园是以渔隐为主题，隐含着江湖归隐之意。其园中景物如树木花草、鸣禽游鱼、岩石假山以及榭轩亭堂等也都围绕着“渔隐”这一主题来安排，由此构成一曲既统一又变化的立体乐章。

| 拙政园的听雨轩 |

在这里，视、听、嗅和触的每一种感觉都能唤起你美的享受，它们相互诱发，相得益彰，使人们的感受更真实，也更生动。

拙政园中的听雨轩，是园中一个自成格局的小院。主体建筑的门楣上悬挂着一块匾额，上书“听雨轩”三个字。如果你有心探寻，会发现所谓“听雨”的奥秘：

| 拙政园雪景 |

丨网师园彩霞池岸植物丨

丨网师园中的植物丨

原来在院落一隅掘有一潭碧水，水旁几丛芭蕉青翠欲滴，凝思片刻后，你会猛然领悟出“雨打芭蕉室更幽”的意境，更感觉到环境的幽寂，不由得产生一种怡然的心境。

网师园小景

中国古典园林崇尚自然、追求自然、表现自然，实际上不只在于对自然形式美的模仿，还在于探求蕴藏在自然形式美内部的美，而这个美，归根结底，也就是被老子、庄子表述为“无为”的“自然”。

艺圃园中小亭

| 艺圃小院 |

明代著名造园家计成认为中国造园的要旨为“虽由人作，宛自天开”。江南园林中的建筑本是自然山水的点缀，故而建筑与自然的关系及建筑的整体布局都浸透着一种极尽巧妙而和谐的构思，所谓宜亭斯亭，宜榭斯榭，随曲合方，得体相宜。或一隅池院，或半壁山房，全在匠心独运。

此外，园林建筑单体在尺度上一般也较宫殿、坛庙、住宅等建筑类型小巧，其用意一方面在于突出自然山水的主导作用，另一方面则在于以建筑的小来反衬出整个园林空间的大。造园过程实际上是一种对自然界高度提炼和艺术概括的再创造。

承梁立柱意构难——江南建筑的结构及营造民俗

| 承梁立柱意构难——江南建筑的结构及营造民俗 |

江南传统建筑从下往上来看主要由台基、墙体、木结构和屋面组成，其中主要承重结构是木构架。江南民居结构简单，做法灵活，与北方官式建筑有很大区别。建筑无论平房还是楼房，皆采用木构架结合填充墙的做法。从结构上可分为穿斗式、抬梁式以及这两种的变体。屋面的重量经由木构架传导到地面基础，加强了房子的稳定性。

建造房子一般分为十个步骤。

第一步：选定建造的地点。

通常情况下，房子的建造者会根据实际情况，按地形、地貌确定建筑的轴线，然后因地制宜地确定建筑物位置，再根据方向、角度等确定建筑方位。木工作头（木工首领）与屋主根据建筑基址情况确定建筑的形式及尺寸，屋主根据设计要求准备材料。江南地区建造民房，建筑的朝向忌讳“子午向”，也就是说不会采用正南正北朝向，而是略有偏差。因为人们认为，只有宫殿、衙署、

| 定向 |

寺院等建筑才能用正南正北方位，普通人没有这样的福气享受，如果选用就会招来灾祸。

第二步：动土平基。

想要房子稳固首先就要地基坚固，就像举重时脚下踩的如果是平坦坚硬的土地，那么就能很好地支撑更大重量。江南地区的气候温和，地基无抗冻要求，所以埋深较浅，一般在地面以下50厘米就可以了。首先由泥水匠人丈量地面尺寸，确定好位置以后在地面定好基准线，用来确定建筑物基槽边线。然后根据建筑结构情况确定基槽开挖的宽窄、深浅。如果盖房子的时候正处在雨季，那么开挖时还应在基槽的两个边沿挖出一个坡，防止雨水冲刷导致滑坡。基槽挖好后，就要对挖开的基槽下的土进行夯打，保证基础足够坚固。最后再由大木匠将房屋的开间和进深标记在地上。房屋的数量一般为奇数，因为偶数被古人认为是不吉利的，所以很少采用。按古代的规矩，平民百姓的住宅正房不能超过三间。在动工之前，屋主还常常先在地基上用铁搭刨几下，据说能够镇住邪气。接下来泥水匠将第一铲土取出一些，用红包封好，交给屋主找个稳妥的地方收藏起来。

| 动土平基 |

第三步：铺装基石。

柱下的石墩又叫作“磉”，

铺装基石的工作主要由两名工匠来完成，他们还要对唱颂词。

甲：手拿磉石方又方，
恭喜屋主砌新房，
磉石做得圆整整，
新造房屋排成行。

乙：今日磉石来安定，
四时入节保安宁，
自我做来听我言，
屋主富贵万万年。

甲：一块磉石方又方，
玉石礅子配成双。
开工安磉康乐地，
竖柱上梁都吉利。

乙：禧福降临屋主门，
砌墙粉刷保太平，
平磉正逢三星照，
五福临门万代兴。

工匠们用这种方式来为新房建造祈福，并且祈求屋主家吉祥幸福。

|基础工程|

|台基砌筑|

第四步：加工木构件。

最开始是选择木材，建造大的房子就要选用比较粗壮的木材，较小的房子就选用稍微细小的木材。木工作头根据房屋主人的要求，进行材料尺寸计算，然后画出大样图。之后由木工匠人按照大样图、样板等将毛坯木料加工成所需的构件，然后拼装起来。接下来在加工厂内加工、调试其余木构件，最后将加工好的构件编号，按类型打成捆备用。其中比较有特色的就是牌科，牌科在北方称为斗拱，是木构架中柱枋与屋架部分的过渡连接构件，有着承载与装饰的作用。在殿庭、厅堂、牌坊等等级较高的建筑中均有使用。木匠第一锯所锯下的木料也取一小块，交由屋主收藏起来。

| 装折制作 |

| 牌楼上的牌科 |

第五步：架柱，安装梁架。

房屋一般都按照由内向外，由中间向两边的顺序建造。立架上梁时，要举行贴彩的仪式，由木工作头主持，将彩带、铜钱、福字、对联等贴在脊檩和柱子上。木工作头一边布置一边对唱。

甲：红绿绸缎千根纱，
亲朋买来送主家。
左边飘来灵芝草，
右边赛过牡丹花。
灵芝草来牡丹花，

江南号称第一家。

乙：一顶披罗一顶纱，

光照九州香万家。

招财童子前引路，

嬉笑和合送财来。

甲：红绿绸缎挂成双，

压稳楠木紫金梁。

仙鹤神鹿群起舞，

金龙玉凤祝安康。

……

| 上梁仪式 |

上梁是盖房子中比较重要，也比较危险的一个环节。因此，上梁时要举行较为隆重的仪式，还需要请有经验的师傅主持并指挥。同时，工匠们一边用绳子将桁条提上去，一边唱道：

| 上梁仪式 |

甲：上梁先上头，

好快五香老木头。

上梁慢上梢，

世世代代束金套。

乙：手拿千里长，

又上万年梁。

一叉叉到半空中，

摇摇摆摆像金龙。

要问金龙哪里去？

今日安到老令宫。

丙：系梁系到半空中，
摇摇摆摆像金龙。
今日金龙哪里去？
一心要登紫金宫。

接下来是安梁仪式，将桁条安置在柱梁上，工匠们用酒浇梁，唱道：

甲：手擎银壶亮堂堂，
请来师傅到府上。
瓦木师傅带喜来，
正遇吉辰双浇梁。

乙：满杯先敬天和地，
今朝上梁好吉利。
再敬太公笑开颜，
在此百无禁忌来。

丙：又敬张班和鲁班，
张鲁师傅来观看。
开工巧遇吉祥日，
完工定遇红运时。

明间的脊桁安装到位，上梁仪式逐渐进入高潮，木构架中间搭“凤凰台”，准备登高接宝，木工作头头顶装满钱币、糖果、糕点的篮子，沿着梯子向上爬，边爬边唱：

脚踏有宝凤凰地，
面对楠木紫金梯。
龙飞凤舞鹤来朝，
王母娘娘把手招。
屋主好比沈万三，
金银财宝满屋堆。
手扶金梯向上跑，
一步两步步步高。
芝麻开花节节高，
祝屋主好运年年到。

木工作头登至凤凰台，用红绸带系上一个仙桃或包裹，从正梁徐徐放下，屋主夫妇在梁下张开毡毯，迎接包裹，俗称接宝，木工作头边放边唱：

脚踏兴隆地，
手摆紫金梯。

脚踏凤凰台，
严敬紫金台。
上有仙桃在龙旁，
金龙吐丝将宝降。
下有鸳鸯来接宝，
恩爱夫妻配成双。
一个包裹拿在手，
半空金银往下流。
快把锦缎来分开，
金银财宝一起来。
一对仙桃放光彩，
仙桃自有天上来。
王母娘娘献仙桃，
屋主世代洪福来。
十九队仙桃四季春，
人财两旺代代兴。
上梁喜逢黄道日，
接宝巧遇紫微星。
廿对仙桃大又红，
东南西北路路通。
造屋年年多富贵，
屋主世代长兴隆。

抛梁是上梁的最高潮，村里人都来看热闹，屋主接宝后，鞭炮齐鸣，木工作头在上面将篮子里的糖果等物品向人群抛撒，边抛边唱：

脚踏扶梯步步高，
手攀花树采仙桃，
采了仙桃何处用？
王母瑶池献蟠桃。
手托金盘进屋来，
和合刘海两分开，
招财利世分左右，
八仙庆贺过海来。
脚踏凤凰台，
背靠紫金梯，
三声高炮飞过梁，
手提金壶上正梁。

然后向接到糖果的人们唱道：

抛梁馒头抛梁糕，
抛到梁头福星照。
接得馒头好运道，

捧着糕团乐陶陶。

抛梁过后，木工作头高声诵读明间金柱上的对联："立柱喜逢黄道日，上梁巧遇紫微星。"接着高喊数遍，"福星高照。"屋主便慷慨解囊，给所有的工匠分发喜钱。这一天，应邀来吃上梁酒的亲戚朋友，都会带来一些礼品，包括鱼、肉、糕点、馒头、糖果或是被子、毯子等。

第六步：砌筑外墙。

建筑的外墙为白色，可以有效地反射夏季阳光，减少墙体吸热。墙的厚度多在1.2尺[①]以上，砖瓦导热慢，夏天室内不至于炎热。冬天，又有一定的保温作用，保持室内温度稳定。墙体砌筑好最后进行封山，也就是砌筑山墙顶部三角部分。封山意味着砌墙的结束，泥水匠一边封山一边唱道：

新砌山尖新又新，
公子骑马到东京；
京城科举第一名，
状元及第进朝廷。
新砌山尖高又高，
八仙过海齐来朝；
八洞神府鲁班造，
一代更比一代好。

封山完毕，屋主也会给泥水匠和小工发放喜钱。

第七步：铺装椽望、砌屋面。

椽子的安装位置需在桁条上标出，一般在桁条加工时用丈杆点出椽子的中线，称为椽花线。安装时，先装每贴屋架的椽子，挂线定位，再由两人一组钉出檐椽、下花架椽、上花架椽、回顶椽

①尺，非法定计量单位，1尺＝0.3333米。

等。钉椽时还应注意，屋面正中间的椽子，俗称阳椽，不可为椽豁。

第八步：铺设望砖和砌筑屋脊。

望砖是铺在屋面椽条上的薄砖。铺设望砖时，以批线望砖为例，铺设前表面需补浆，披线，具有良好的装饰效果，应用最为广泛。之后进行屋面的瓦件铺装。江南建筑以底瓦叠连铺设成沟进行排水，盖瓦覆盖其上挡雨。底瓦小头向下，盖瓦小头向上。屋面分为基层（望砖、望板）、垫层（护板灰）、结合层（泥背灰）、面层（瓦），同时增加拦灰条、铁钉等防止瓦面下滑。屋顶上的瓦片一般都是一片压着一片，这样可以使雨水向下排出。那么上一片瓦需要压下一片瓦多少呢？通常情况下，“压六露四”“压七露三”。上一片压的多下一片露出来的瓦就少，一般比较富裕的家庭选择压的多，露的少。假如一片瓦漏雨，就把这片瓦取出，旁边的瓦挪动一下，就可以防止漏雨了。

忠王府屋顶

接下来开始砌筑屋脊，屋面上最重要的就是屋脊，这里是屋面防水的关键环节，更是屋面装饰的重点。江南屋脊的装饰十分讲究，泥塑工艺精湛，屋脊的样式

| 见山楼连廊顶 |

丰富，图案精美，并蕴含着美好祥和的意义。同时，也赋予建筑鲜明的等级区分。

龙门脊是最高等级的屋脊形式，主要用于宫殿等主要建筑，脊两端为龙吻装饰。

| 寺庙山门脊饰 |

哺鸡脊、纹头脊常用于厅堂类建筑，二者做法基本相同，区别仅在于两端的装饰物。哺鸡脊两端的饰物为鸡形装饰物，鸡嘴向外，有张口和闭口之分。张口的称开口哺鸡脊，闭口的称闭口哺鸡脊。纹头脊两端是以回纹、花草纹为图案的屋脊装饰物。

雌毛脊和甘蔗脊用于次要建筑。雌毛脊的脊端下面垫长铁板，形成向上弯翘之势，在民居建筑中广为使用，造型轻巧。甘蔗脊最为简单，形态朴实，用于围墙和其他次要建筑。

黄瓜环脊，是在屋顶的正脊部位以带弧度的瓦直接盖在屋脊上，常见于园林中的小型临水建筑，这样布置可以使建筑显得轻巧自然。

垂脊也称垂带、竖带，是垂直于屋脊的脊。其上端与屋脊相连，下端常以神像、吉祥物等堆塑作为装饰物。

老师傅在做脊时常常会唱道：

新做屋脊两头翘，
今日万福又来朝。
恩光降下千年富，
运气东来今又到。
新做屋脊像条龙，
荣华富贵多兴隆。
二龙抢柱争上下，
金鸡凤凰迎东风。
龙飞凤舞兆吉祥，
屋主世代保安康。

做好屋面屋脊，建筑的主体工程就结束了。这时屋主会请匠人师傅们吃酒，称为“圆屋酒”。

第九步：外部装修。

首先就是要给地面铺上砖石。屋子外面一般用石材

| 长窗 |

铺装。

接下来是窗子的安装。窗的种类繁多，样式各异，是建筑中重要的装饰元素。根据其所在位置和样式，主

| 地坪窗 |

| 严家花园中的长窗 |

要分为：长窗、半窗、地坪窗、横风窗、和合窗等。长窗通常落地，也称落地长窗。半窗也称短窗，其长度仅为长窗的一半，因而得名。横风窗的宽度大于高度，看起来像横放的窗，因而得名。和合窗也称支摘窗，主要用于临水的舫、榭等中小型建筑上。

| 拙政园玲珑馆半窗 |

装完窗子以后就可以装门了。门可以分为实拼门和框档门两种。前者以两寸①左右厚度的木料相拼。门的

①寸，非法定计量单位，1 寸 = 0.3333 厘米。

| 网师园中的库门 |

正面镶方砖，可以让门更坚固，并有防火防盗的功能。实拼门多用于墙门，而墙门也称库门，常用于门楼，是一般建筑群的主要出入口。实拼门以木料作框，钉装木板，用于大门和屏门。门两边的直框，称为边挺。

装完窗子和门之后安装的是一些美观实用的小构件。

栏杆有着防护和装饰的双重功能，通常装在台基之上，两柱之间，与挂落位于同一投影面，共同构成立面的装饰。也有些栏杆装于地

| 艺圃栏杆与地坪窗 |

| 栏杆与美人靠 |

坪窗与和合窗之下，以代替半墙。这时候，栏杆的内侧装有雨遮板，窗扇关闭时与栏杆、雨遮板组成隔断。栏杆分为高矮两种，矮的称之为半栏，高一尺半至两尺二寸，上面设槛，可供休息，称为坐槛。装于柱间的栏杆，两端需设短抱柱，其宽度以宽出鼓蹬一寸左右为宜。栏杆以木条组合成框，两边垂直的竖框，称为脚料。横向一般为三道框，自上而下分别为：盖挺、二料和下料。盖挺与二料之间的部分称夹堂，二料与下料之间的部分称总宕，下料以下部分称下脚。夹堂根据其长度安装花结，总宕则根据建筑的艺术形象配以木条花纹，下脚常立小脚装饰。

｜网师园连廊花牙子｜

美人靠也称吴王靠、飞来椅、鹅颈椅等。它是装在半墙之上，类似椅子靠背的矮栏杆，供人们坐靠休息之用。

挂落是位于两柱之间，悬装于连机或枋子之下的装饰构件，以木条搭接成的镂空花纹。

除挂落之外，还有一种可用于柱间装饰的构件，称为花牙子或插角。花牙子可用整块木板镂空雕刻而成，也可用木条做榫卯拼接而成。

外部的装修完成之后，就要开始房间内部的装修了。

第十步：内部装修。

内檐装修在建筑中起到分隔空间、装饰环境的作用，主要包括：纱槅、罩、博古架等。内檐装折用料讲究，多以银杏木、红木加工制作，并且精雕细刻，形态轻盈，充分体现了江南建筑的灵性与文雅。

| 落地罩 |

1. 纱槅

纱槅也称纱窗，用于小型建筑内部空间的分隔并起到装饰作用。纱槅的外形与长窗相似，背面常常钉轻纱或木板，裱字画装饰，增加了艺术气息。

| 网师园集虚斋飞罩 |

2. 罩

罩在建筑内部着分隔空间、装饰门洞的作用。罩的材料多为银杏木、花梨木等硬木，便于雕刻图案。

3. 博古架

博古架是摆放工艺品、花瓶、古玩等的架子，是由多种几何图案组成的镂空的木格。通常由矩形、凹、凸、万字等形状组成，错落有致，

| 江南人家 |

别具趣味。

江南地区的建筑特色不仅体现在外观和结构上，还体现在造房子的过程中工匠们对新房子的祝福与期盼。吉祥的话语在造房子的过程中融入房子的每一处，记录了江南建造的社会习俗，体现了江南工匠们的文化底蕴和文化传承。

江南人重视人文礼仪和生活情趣，住宅的建造是关系子孙万代的大事，建造过程中自然少不了相应的仪式和民俗。选址、备料、择日、动工、上梁、落成、乔迁等各阶段都有相应的仪式和习俗，这些习俗或与地域文化相结合，或与建筑行业的特性相联系，构成江南传统建筑营造技艺的文化部分，并不断地传承发展。

雕梁画栋寄美愿——江南建筑的雕刻与装饰

雕梁画栋寄美愿——江南建筑的雕刻与装饰

走近江南建筑，处外围观，可见淳朴的粉墙黛瓦，曲线优美的翼角起翘；入细微察，能够发现隐藏在各处的小动物、小花草——这就是彩画和雕刻。

彩画艺术

江南传统建筑多以彩画作为装饰，主要是以苏式彩画为主。

苏州地区的苏式彩画与北京地区的苏式彩画有很大的不同。苏州的苏式彩画色调柔和，常以浅蓝、浅红和浅黄作画，很少用金色，追求朴素无华、淡雅别致的风格。北京的苏式彩画色彩以

忠王府彩画

青绿为主，间以大红大金，与和玺彩画、旋子彩画相映衬。苏式彩画在明代时已经有了等级规定，其做法分为上五彩、中五彩和下五彩三种。上五彩，其图案的外轮廓线或其他分界线一律采用沥粉贴金，图案采用退晕的技法绘制，以锦纹居多。中五彩，图案及轮廓线沥粉贴片金，不加其他色调及工艺技法，或者有着色退晕，不沥粉，少量装金，纹样简单，以花草为主。下五彩和中五彩类似。苏式彩画主要施于梁、枋和檩三类构件上。

雕刻艺术

江南传统建筑雕刻技艺精湛，主要分为木雕、砖雕和石雕三类。这三类雕刻在技法、工艺上各有特点，具有不同的表现意味。

| 万卷堂北面撷绣楼前院砖雕 |

1. 砖雕工艺

砖雕秀雅清新，气韵生动，具有写实的风格和装饰的趣味，在江南传统建筑中有着重要的装饰作用。

砖雕做工精美，耐水耐潮，应用范围十分广泛。这其中最具特色的首推砖雕门楼。除此以外，砖雕还广泛应用于砖殿、砖塔、砖幢等处。苏州网师园万卷堂前的砖雕门楼雕刻精美，且保存完好，是园林建筑砖雕的代表性作品，享有江南第一门楼的美誉。砖枋刻有花草植物，寓意吉祥如意，两端垂有花篮头砖柱，分别雕狮子滚绣球和双龙戏珠。两侧的兜肚为透雕的典故，东侧是“文王访贤”，描绘的是周

| 网师园轿厅北面万卷堂前砖雕 |

| 网师园“文王访贤”砖雕 |

| 网师园“郭子仪上寿图”砖雕 |

| 明善堂独占鳌头砖雕 |

文王访姜子牙的场景；西侧是“郭子仪上寿图”，描绘的是为郭子仪祝寿的场景。两幅砖雕造型写实，栩栩如生，承载了福寿与贤德的美好寓意。位于苏州吴中区东山镇的明善堂是明代建筑，其砖雕门楼同样堪称精品。两侧兜肚分别刻有“麒麟送子”“独占鳌头”的图案，匾额下方刻有“凤穿牡丹”纹样，上方则刻有“渔樵耕读”图案。门楼两侧的塞口墙为砖细镶嵌，左边刻有“鲤鱼跳龙门”，右边刻有“五鹤捧寿”，均为透雕，工艺精湛。

2. 木雕工艺

木雕是在木材上雕刻的工艺，相对于砖雕、石雕，加工较为容易，所以木雕的历史也更为悠久。香山帮木雕工艺多运用于建筑构件和

| 东山雕花楼木裙板上的雕刻 |

| 木雕打轮廓线 |

| 木雕工具 |

| 木雕工艺 |

家具的装饰。雕刻的部位若位置较高，距离人的观察点较远时，一般不会精雕细刻，只将大体轮廓和粗线条图案雕出。门窗、挂落等可以在近处欣赏的雕刻，则不惜费工，精益求精。

3. 石雕工艺

江南建筑中石雕作品也十分丰富，石桥、石塔、石亭、石牌坊等建筑作品不胜枚举。就木结构建筑而言，用石雕装饰的部位也很多，如鼓蹬、磉石、门槛、栏杆、阶沿石、抱鼓石、须弥座等。江南地区雨水丰富，木材易腐易蛀，大量应用石材进行保护是功能上的要求。苏州地区盛产质地优良的青石、金山石，为石雕技艺的发展提供了良好的条件。“左右开弓”“断柱接柱”等是石雕中的绝活，“狮子含球”更是让人叹为观止，具有很高的艺术价值。

虽然这三类雕刻技艺各有特色，但它们在题材和艺术风格上有很多相同之处。

构图方面，这三类雕刻技艺都不拘一格，轻松活泼，表现清秀之美。其题材涉及花草、动物、历史故事等，风格以写实为主。雕刻的图案与民俗文化紧密相连，通过隐喻、暗示、象征反映当地的意识和文化。苏州地区的民俗观念根深蒂固，有着悠久的传统，通过雕刻图案表达的意愿，大概可以分为以下几类。

一是祈求生育。对子嗣的祈求是传统社会的大事，

| 虎丘中石雕的亭 |

| 苏州文庙 |

《周易》中有“天地之大德曰生”，《孟子·离娄上》表达了“不孝有三，无后为大”的观念，民间也有“多子多福”的传统观念。这种重视子嗣的观念在江南地区影响十分深远。期盼生子便成为雕刻图案的重要主题。反映这种观念的图案有：莲花、桂花，寓意连生贵子；石榴、蝙蝠，寓意多子多福；枣枝、栗子，寓意早立子；枣枝、桂圆，寓意早生贵子；葱、藕、菱角和荔枝，寓意聪明伶俐等等。

二是祈求功成名就。科举制度在中国传统社会具有重要地位，科考是出人头地、步入仕途的重要途径。苏州人文气息浓厚，通过读书科考求得功名是大多数人所向往和追求的。长辈们常常教诲儿孙要饱读诗书，希望他

| 网师园石雕 |

们能考取功名，光宗耀祖。于是在建筑装饰中，便常常通过各种象征图案来表达殷切的寄托。表达这种观念的图案有：荔枝、桂圆和核桃各三颗，寓意连中三元；喜鹊、莲蓬和芦苇，寓意喜得连科；白鹭、莲蓬和莲叶，寓意一路连科；雄鸡与牡丹，寓意功名富贵；以一只莲花为中心的图案，寓意一品清廉。此外，梅兰竹菊等能够表现文人志趣的图案纹样也常常用来装饰门面。以兰花、灵芝和礁石为图案，寓意君子之交；松、竹和梅，寓意岁寒三友；松树和菊花，寓意松菊延年。

| 苏州双塔寺的石雕 |

三是祈五福。“五福”之说始见于《尚书》，曰：“五福，一曰寿，二曰富，三曰康宁，四曰攸好德，五曰考终命。”在民间，人们也将福、禄、寿、喜和财称为五福。中国人注重现实世界，人们的理想也寄托在现

实生活中完成。五福虽然具体指五种幸福，但更是幸福的泛指，平安、吉祥、顺利、兴隆等都作为祈福的内容。表达祈福的图案有：五只蝙蝠围绕寿字，寓意五福捧寿；麻姑献寿图案，麻姑常用来寓意长生；水仙和寿石或水仙与松树，寓意群仙祝寿；猴子和桃子组成的灵猴献寿图案，猴子常用来寓意长寿；花生图案，寓意生生不息；蝙蝠与祥云，谐音寓意福运；蝙蝠、桃子与两枚铜钱，寓意福寿双全，双钱与双全谐音；凤和牡丹组成的凤穿牡丹图案，寓意富贵吉祥；两条云龙和一颗火球组成二龙戏珠图案，传说龙珠可避水火，二龙戏珠源于民间耍龙灯，寓意太平丰年；柿子和如意的图案，寓意事事如意；

| 明善堂中的阴亭 |

毛笔、银锭和如意的图案，谐音必定如意；喜鹊与梧桐树图案，谐音同喜；童子手执灵芝骑象图，寓意吉祥如意；猫、蝴蝶和牡丹组成的

| 砖雕图案 |

石雕竹子

图案，寓意富贵耄耋；喜鹊与獾组成的图案，寓意欢天喜地；豹子和喜鹊图案，谐音报喜。另外还有各种花卉组成的图案，如莲花寓意根基牢固，兰花寓意繁荣昌盛，桂花寓意富贵安康等等。

四是祈求婚姻和谐、家庭和睦。这种类型的图案有：荷花与梅花图案，谐音和和美美；两只燕子筑巢的春燕剪柳图案，燕子是春天的象征，有吉祥鸟之称。“神柳栽柏春满户，春燕衔泥筑新屋”，寓意新婚夫妻生活美满；和合二仙图，两位仙人分别为拾得和寒山，手中分别拿着荷花和圆盒，荷与盒寓意和合；鹌鹑、菊花和枫叶图案，谐音安居乐业；天竹、藤蔓和瓜组成的图案，寓意天长地久。

匠心匠艺世代传——江南建筑的营造者

匠心匠艺世代传——江南建筑的营造者

江南造房子的工匠是由木作、水作、砖雕、木雕、石雕等多种工种组成的建筑工匠群体。其中有著名的香山帮、东阳帮等。最初，木雕由木匠兼营，砖雕由泥水匠兼营。到了清朝末期，随着工艺的复杂化和需求的增大，木雕和砖雕逐渐向专业化发展。在工匠群体里，木工的地位无形中高于其他工种，因为古代没有专门的建筑设计师，建筑是由木工根据需求放样施工。木工作头既能设计又擅长操作，在施工中还负责各个工种的协调，指挥施工，自然成为整个营造工作的总负责人，因而又被称为把作师傅。最初匠人都是个体劳动者，除了靠血缘和师徒关系组合的小型团队外，没有固定的组织和机构。在承揽大型建筑工程时，一般由经验丰富的把作师傅来负责指挥和调度，这些人

| 玄妙观山门正吻装饰 |

是经大家临时选举或推荐产生的，把作师傅的身份并不固定，工程结束后就自行散伙，各自去承揽新的活计。

工匠由单独揽活儿发展成为工匠帮之后，以香山帮匠人最为著名。香山帮的先辈在江南建造了吴宫、南宫、梧桐园、长洲苑、姑苏台等无比珍贵的建筑作品。明代，香山帮建筑技艺远播北京，名扬华夏。以蒯福、蒯祥父子为首的香山帮匠人承接了紫禁城三大殿等重要皇宫建筑的建造任务，凭借高超的技艺，在众多工匠帮中显得出类拔萃。从明代到清代晚期，香山帮技艺得到不断完善和进步，技术分工更加细化，工艺流程日趋复杂，各工种的配合与衔接愈加显得重要。这时期香山帮名家人才辈出，其中最有影响的当属民国初期的姚承祖，他积极倡导成立“鲁班协会”，并担任协会会长，将工匠组织起来，切磋技艺，提高本领与素质。

蒯祥与故宫三大殿

蒯祥是明朝江苏人，出生于一个木工家庭。蒯祥的父亲蒯福，有高超的技艺，被明朝选入京师，当了总管建筑皇宫的“木工首”。蒯祥自幼随父学艺，蒯福告老还乡后，蒯祥已在木工技艺和营造设计上小有名气，并继承父业，出任“木工首”，后任工部侍郎。明永乐十五年，明成祖从金陵北迁时，征召全国各地工匠，前往北京继续大兴土木。蒯祥参加了皇宫建筑营造工作。通过大型工程项目的锻炼，蒯祥在实际建造中积累了很多经验，也逐渐成长为技艺娴熟的大木匠师。

蒯祥在京40多年，负责或参与兴建了太和殿、中和殿、保和殿以及两宫、五府、六衙署等，还于1464年亲自主持明十三陵中的裕陵建造。蒯祥因有功于朝廷，从一名工匠逐步晋升，直至被封为工部左侍郎，皇帝也称他为“蒯鲁班”。他的祖父、父亲也因此被追封为侍郎。蒯祥在当时有着极高的声望，尤其在家乡更是被广为传颂，成为香山帮匠人的精神领袖。民间关于他的传说越来越多，并由此产生了很多故事，蒯祥本人不断被夸张神化，由一个普通匠人成为传奇人物。比如“香山匠人一斧头”记录了蒯祥学艺的过程；“蒯祥醉画金銮殿”描写了蒯祥设计故宫的过程；“巧用短木造皇宫”展现了蒯祥创造“金刚腿”活门槛的聪明才智；“拔高午朝门，减免三年税”抒发了对蒯祥心系百姓，减免吴地赋税的崇敬之情；“蒯祥献艺御花园”更是对蒯祥才艺风貌的极大炫耀。这些故

| 太和殿 |

事娓娓道来，至今在民间流传，足见蒯祥的影响之大。蒯祥的一生，成就斐然，也充满传奇色彩，是这一时期最高建筑水平的代表人物，堪称香山帮工匠中的泰斗。

姚承祖与《营造法原》

香山帮工匠中的另一位杰出人物为民国时期的姚承祖。姚承祖字汉亭，号补云，又号养性居士，生于1866年，卒于1938年。姚承祖出身于匠师世家，其祖父姚灿庭，技艺高超，并著有《梓业遗书》。耳濡目染之下，姚承祖从小便喜欢用蜡烛油捏制亭台楼阁，显示出对建筑的浓厚兴趣。他自幼随父学习木工技艺，十一岁时随叔父进苏州城从事木作。稍长又由叔父引荐，拜举人钟仲田为师，学习《百家姓》《三字经》《千字文》《大学》《中庸》等文化经典，增长了学识。在姚承祖的建筑生涯中，不仅勤于学习，精于实践，还热心于公众福利。1912年，他积极倡导成立了苏州鲁班协会，组织工匠学习技艺，切磋交流。此后，他又在玄妙观附近创办了梓义小学，在家乡开办了墅峰小学，免费招收建筑工匠的子女入学，解决了同行子女的受教育问题。

二十世纪二十年代开始，他以祖传秘籍图册和受聘苏州工业专科学校时的讲义资料为基础，结合长期积累的工作经验，整理出一份图文并茂的书稿。后来，此稿经人整理后增编成册，书名《营造法原》。该书集中了历代香山匠人的营造经验精华，也是翔实记述江南地区代表性建筑做法的专著，具有很高的学术价值。但是由于日寇侵华，该书一直未能付印出版。直至1959年才出版发行。

姚承祖一生营造的作品不计其数。清末，他带领一批能工巧匠，重修木渎镇的严家花园，春夏秋冬四区景色各异，堪称一绝。巧妙的布局和精巧的细节处理受到刘敦桢先生的高度赞誉与推崇。清末至民国初建造了怡园藕香榭（又名荷花厅），设计独特，精致古雅。民国时建造了灵岩山寺大雄宝殿，流光溢彩，蔚为壮观。1923年建造于光福镇的梅花亭更是精品杰作。晚年，他建造的“补云小筑”，巧置亭台楼阁，花草林木，池水假山，精巧疏朗，幽逸雅丽。

| 江南园林建筑 |

“小筑”后期被毁坏，唯有“小筑”绘卷尚存，陈从周教授将其收录于《姚承祖营造法原图》一书中。姚承祖生前虽然未能看到《营造法原》一书的出版，但他对中国古建筑的巨大贡献却随着《营造法原》和无数的建筑作品流芳后世。

香山帮传统营造中所表达的思想观念影响到整个江南地区的居住格调，对民间建筑的布局、构思、设计、审美、内部陈设等都有重要影响。以香山帮园林建筑的营造为例，私家园林表达的是一种文人气质。它在设计上以曲折多变、小巧玲珑和轻快活泼的艺术形态表达以小见大的思想，园林中布置山石、水池、花木，与建筑有机组合，巧妙地运用造园的各种手法，在有限的空间内做到移步换景，达到“虽由人作，宛自天开”的艺术效果，让人在其中体验自然的意趣。苏州民居建筑中，香山帮工匠人巧妙运用特殊构造，在符合封建礼制限制的条件下，使建筑达到宜居、宜赏的效果。在装饰方面，香山帮工匠以木雕、砖雕、石雕、泥塑、彩绘等工艺对梁架、屋檐、门楼、窗子等部位进行装饰，创造出喜闻乐见的吉祥图案，是具有中国气韵的艺术表现形式。

江南地区历史悠久，人文荟萃。工匠技艺在长期的发展和演进过程中，与吴地文化水乳交融。同时他们又一直保持着自己独特的工匠之心，并将这份对技艺的精益求精与专注永世流传下去。

图书在版编目（CIP）数据

江南人家 / 马全宝编著 ; 刘托本辑主编. -- 哈尔滨 : 黑龙江少年儿童出版社, 2020.2（2021.8重印）
（记住乡愁 : 留给孩子们的中国民俗文化 / 刘魁立主编. 第八辑, 传统营造辑）
ISBN 978-7-5319-6471-1

Ⅰ. ①江… Ⅱ. ①马… ②刘… Ⅲ. ①建筑艺术－华东地区－青少年读物 Ⅳ. ①TU-862

中国版本图书馆CIP数据核字(2019)第293980号

记住乡愁——留给孩子们的中国民俗文化　　刘魁立◎主编
第八辑 传统营造辑　　刘　托◎本辑主编
江南人家 JIANGNAN RENJIA　　马全宝◎编著

出 版 人：商　亮
项目策划：张立新　刘伟波
项目统筹：华　汉
责任编辑：刘金雨
整体设计：文思天纵
责任印制：李　妍　王　刚
出版发行：黑龙江少年儿童出版社
（黑龙江省哈尔滨市南岗区宣庆小区8号楼 150090）
网　　址：www.lsbook.com.cn
经　　销：全国新华书店
印　　装：北京一鑫印务有限责任公司
开　　本：787 mm×1092 mm　1/16
印　　张：5
字　　数：50千
书　　号：ISBN 978-7-5319-6471-1
版　　次：2020年2月第1版
印　　次：2021年8月第2次印刷
定　　价：35.00元